런런 옥스퍼드 수학

3권

도형과 측정

안녕!
나는 리타고
이 친구는 미타야.

차례

 말하기

 그리기

 쓰기

 수 세기

 선 잇기

 동그라미 하기

 색칠하기

 따라 쓰기

 스티커 붙이기

 놀이하기

여러 가지 도형

 점선을 따라 도형을 그리세요.

접시는 어느 도형이랑
모양이 비슷할까?

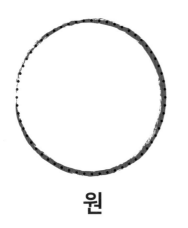

원

정사각형

직사각형

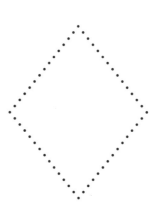

마름모

삼각형

사다리꼴

오각형

반원

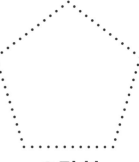

육각형

타원

도형을 하나씩 짚으며
이름을 말해 봐.

같은 모양의 도형끼리 선으로 이으세요.

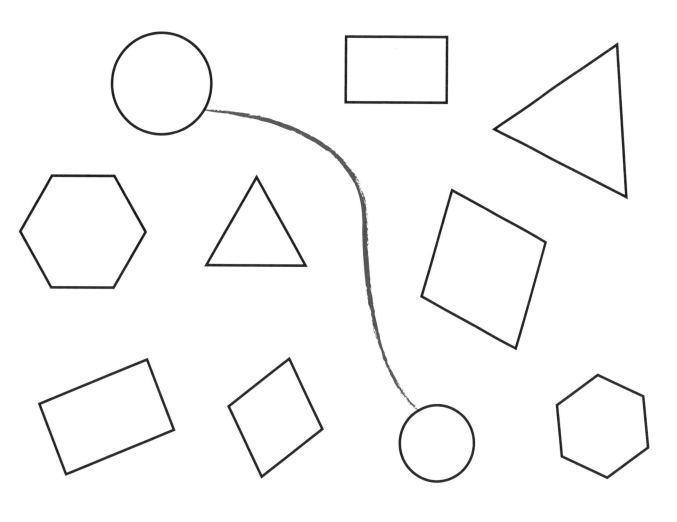

잘했어!

집 안을 둘러봐.
집 안 물건에서 어떤 도형을
찾을 수 있을까?

칭찬 스티커를
붙이세요.

 도형 찾기 놀이

집 안에 있는 여러 가지 물건을 보면서 어떤 도형과 모양이 같은지
말해 보세요. 우선 거실의 물건을 살펴볼까요?
시계, 텔레비전, 리모컨은 어떤 도형과 모양이 같은가요?
이번엔 주방으로 가서 물건을 찾아보고 닮은 도형을 말해 보세요.

문제를 다 푼 다음, 32쪽으로!

도형의 모양 알기

 점선을 따라 도형을 그리세요.

 빈칸에 같은 모양의 도형을 그리세요.

넌 어떤 도형을 가장 좋아해?

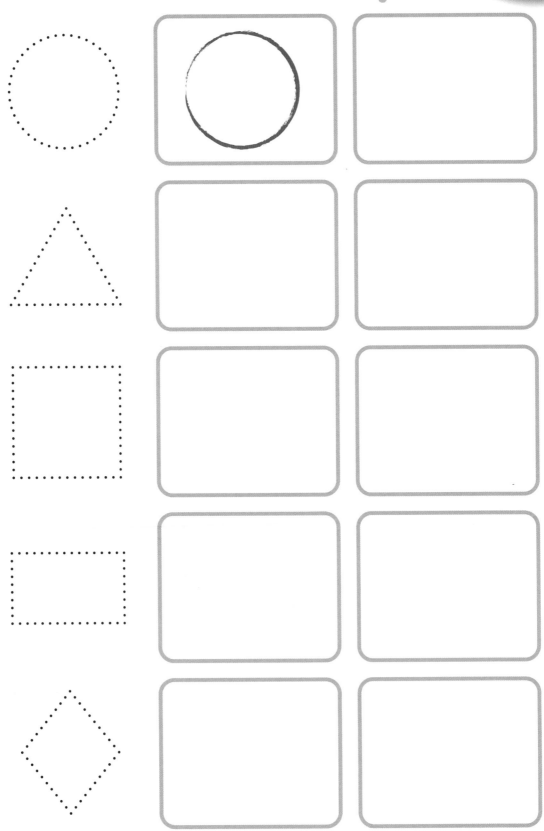

로봇의 각 부분을 가리키며 도형의 이름을
말해 보세요.

 로봇의 입은 어떤 도형인지
이름을 말해 볼래?

 로봇에서 사각형을 모두 찾아 세어
◯ 안에 알맞은 수를 쓰세요.

로봇에서 삼각형을 모두 찾아 세어
◯ 안에 알맞은 수를 쓰세요.

잘했어!

칭찬 스티커를
붙이세요.

 도형 그리기 놀이

목욕을 할 때 김이 서린 거울에 도형 그리기 놀이를 해요.
원, 삼각형, 사각형 등 좋아하는 도형을 그려 보세요.

접시에 밀가루를 뿌리고 고르게 펴세요.
밀가루 위에 도형을 그려 보세요. 다시 고르게 편 다음, 여러 번 반복해서
여러 가지 도형을 그려 보세요.

문제를 다 푼 다음, 32쪽으로!

변과 꼭짓점

직사각형에는 **4**개의 변과 **4**개의 꼭짓점이 있어요.

변 →

꼭짓점

변과 꼭짓점의 수를
세어 봐.

변의 수를 세어 ⬭ 안에 쓰세요.

3

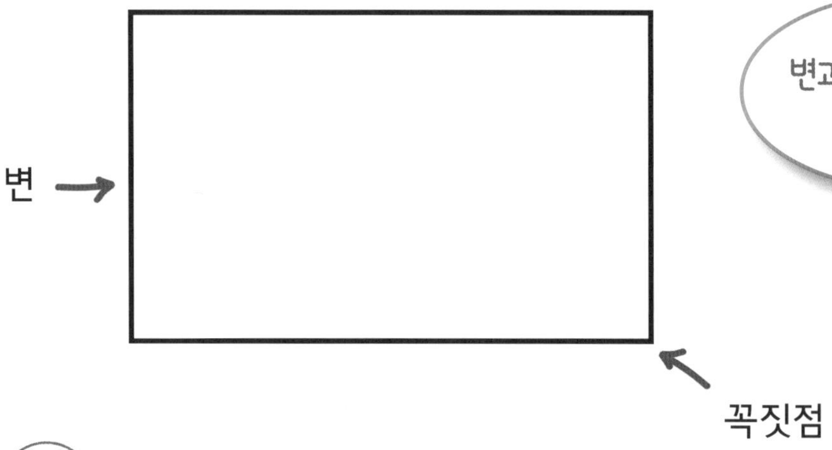

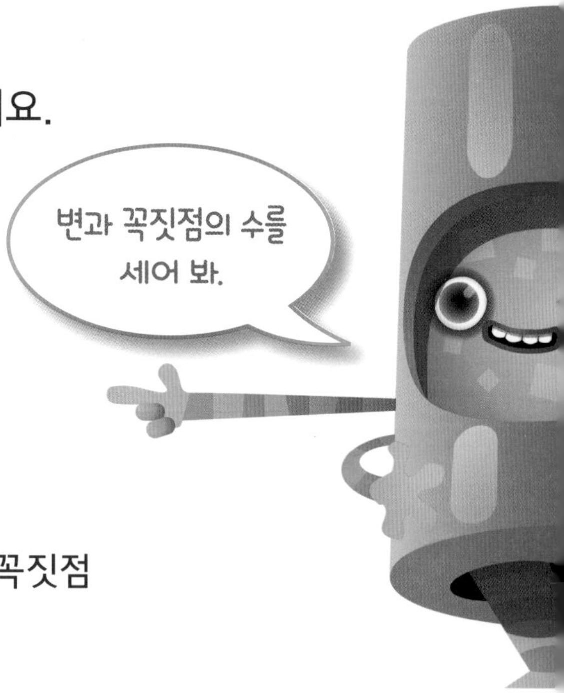

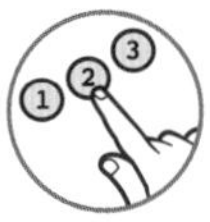

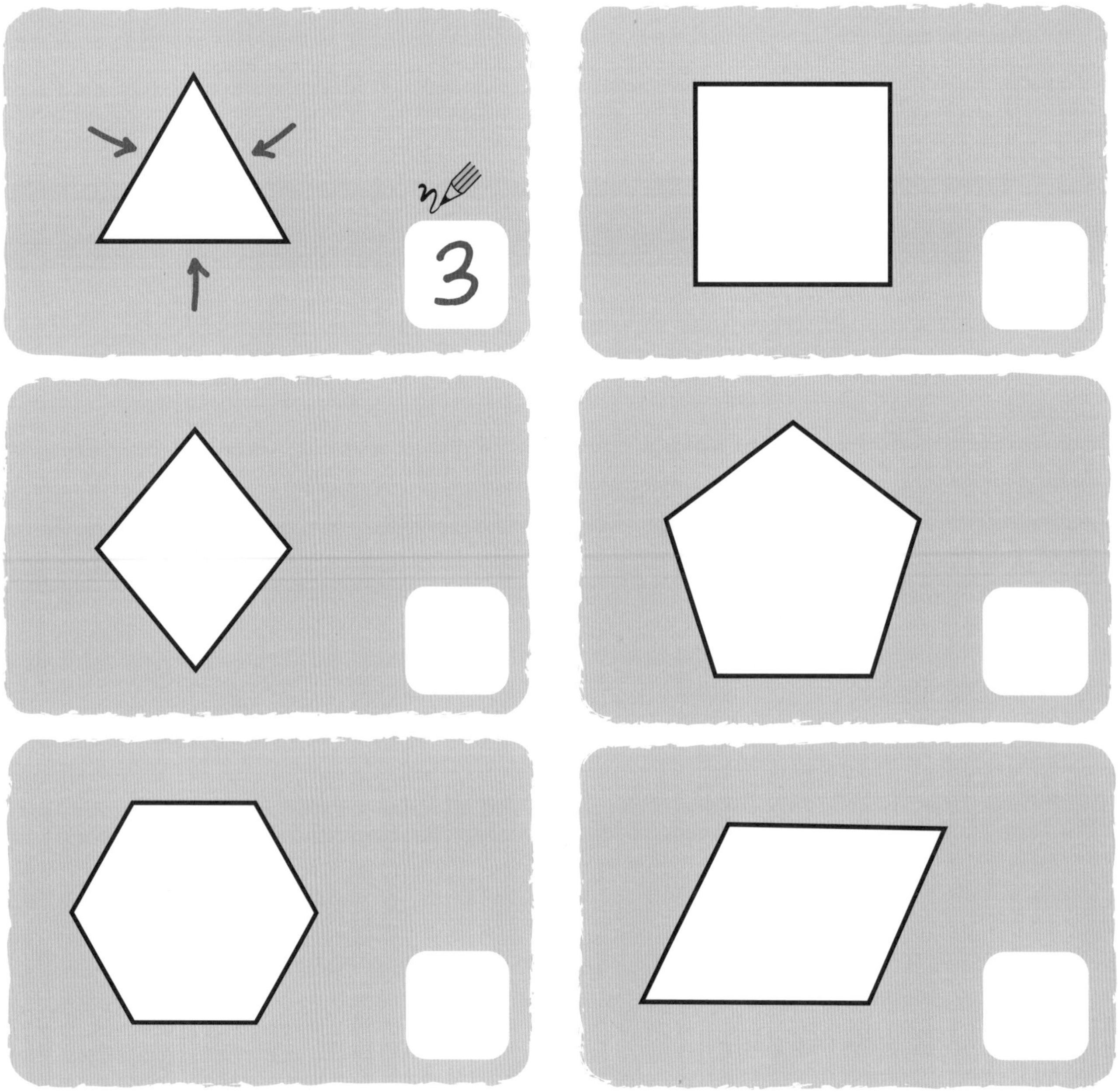

꼭짓점의 수를 세어 ◯ 안에 쓰세요.

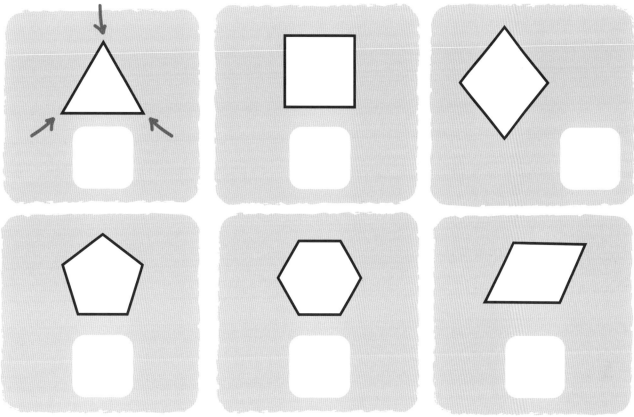

 각각 알맞은 도형 스티커를 붙이세요.

4개의 변이 있는 도형

3개의 변이 있는 도형

5개의 변이 있는 도형

칭찬 스티커를 붙이세요.

문제를 다 푼 다음, 32쪽으로!

여러 가지 입체도형

 각 입체도형의 이름을 말해 보세요.

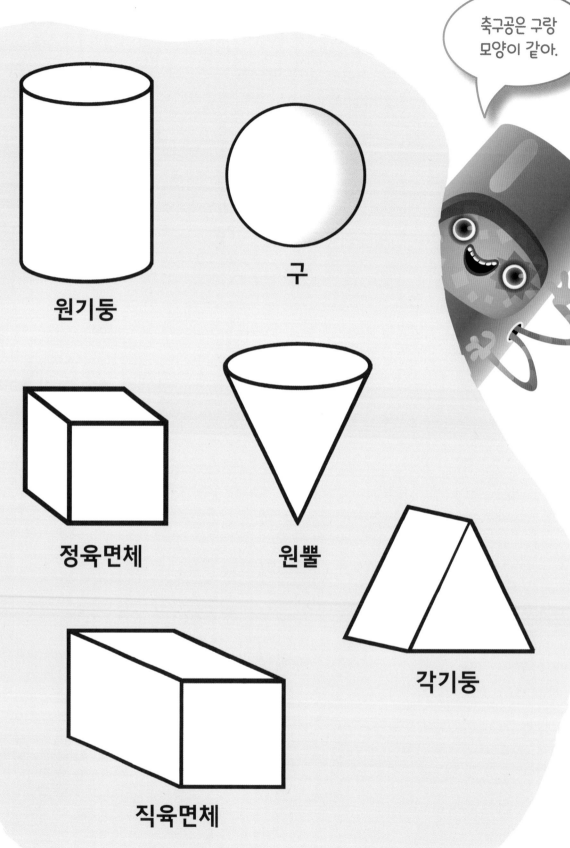

축구공은 구랑 모양이 같아.

원기둥

구

정육면체

원뿔

각기둥

직육면체

사물과 모양이 같은 입체도형을 찾아 선으로 이으세요.

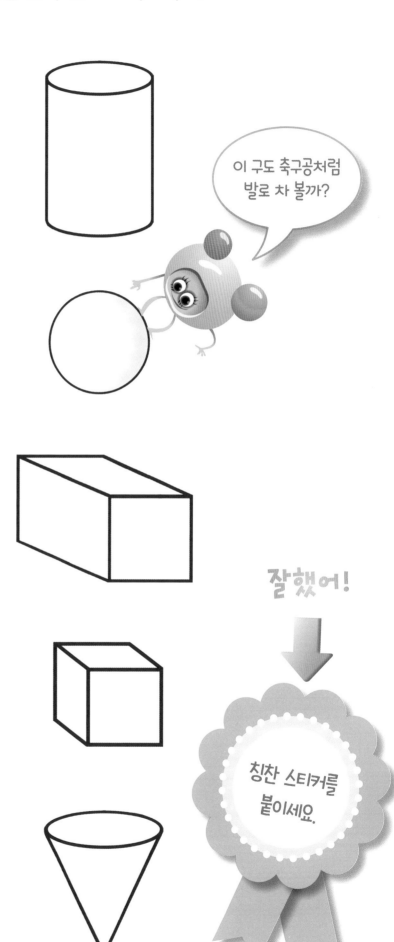

이 구도 축구공처럼 발로 차 볼까?

잘했어!

칭찬 스티커를 붙이세요.

문제를 다 푼 다음, 32쪽으로!

크기, 길이 비교

 둘 중에서 더 큰 것에 ◯표 하세요.

 셋 중에서 가장 큰 것에 색칠하세요.

난 크고,
미타는 작아.

10

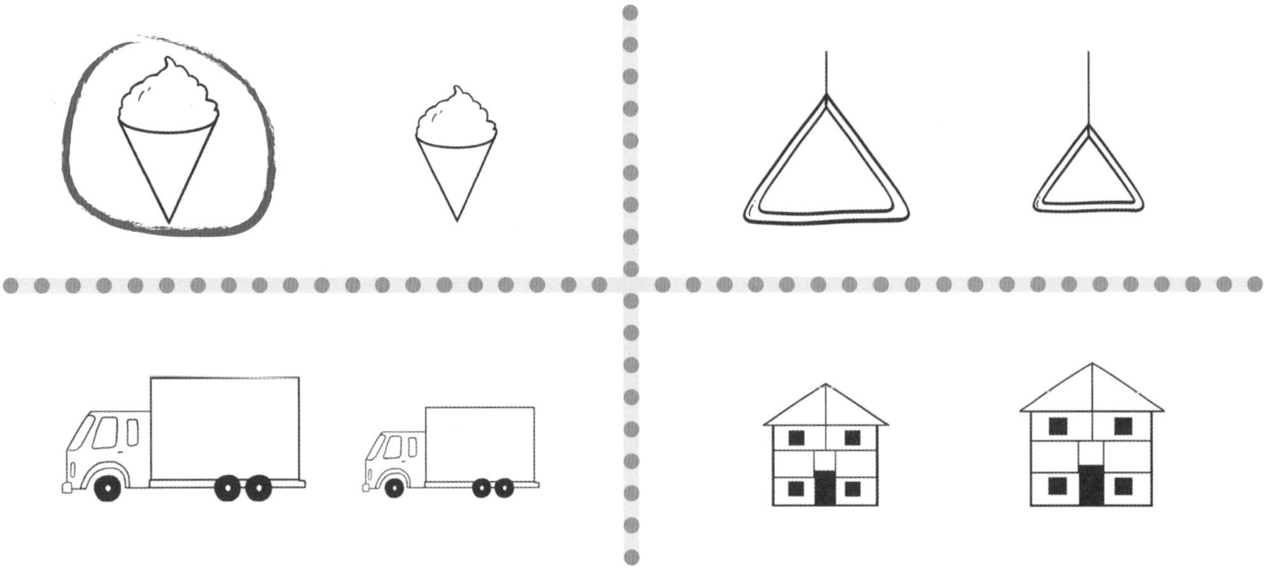

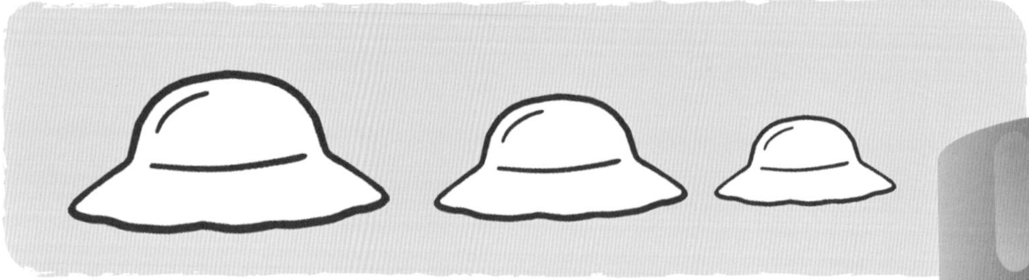

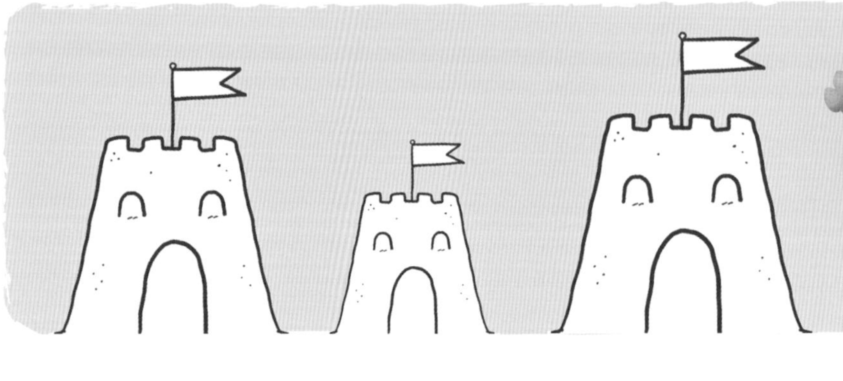

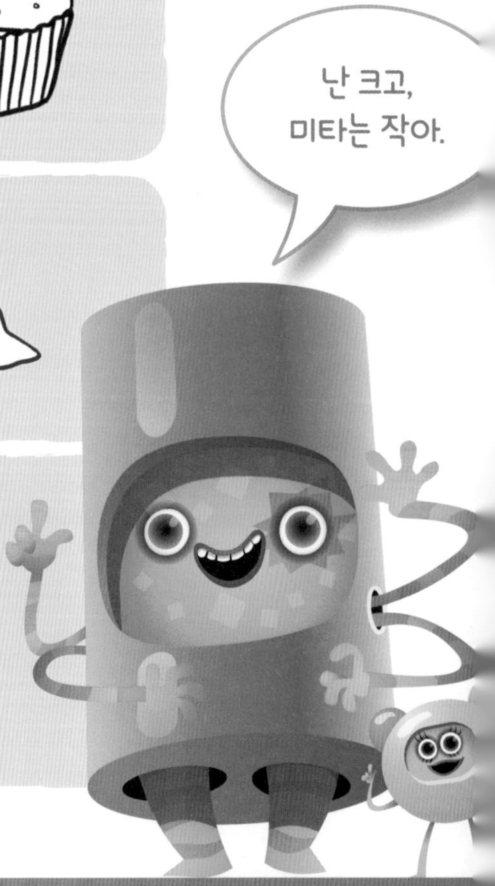

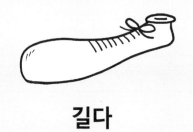

길다

짧다

이 신발 좀 봐.

 ★★ 둘 중에서 더 긴 것에 ○표 하세요.

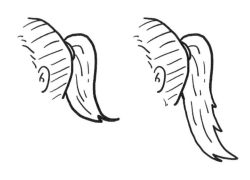

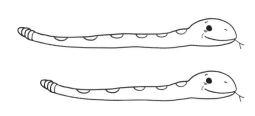

 길이 비교 놀이

스케치북에 아빠 발, 엄마 발, 내 발을 놓고 모양을 따라 나란히 그리세요.
셋 중에서 누구 발이 가장 긴지 말해 보세요. 또 누구 발이 가장 짧은지
말해 보세요.

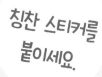

칭찬 스티커를
붙이세요.

문제를 다 푼 다음, 32쪽으로!

양 비교

 짝 지어진 것의 양을 비교하여 '적다' 또는 '많다'라고 말해 보세요.

난 많은 게 좋아.

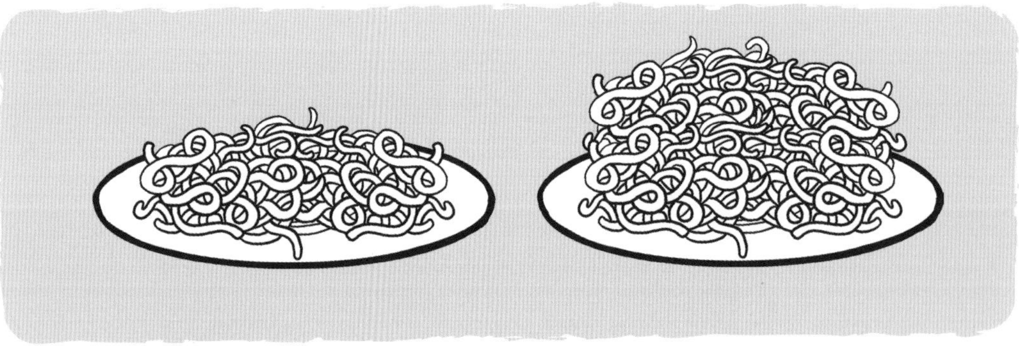

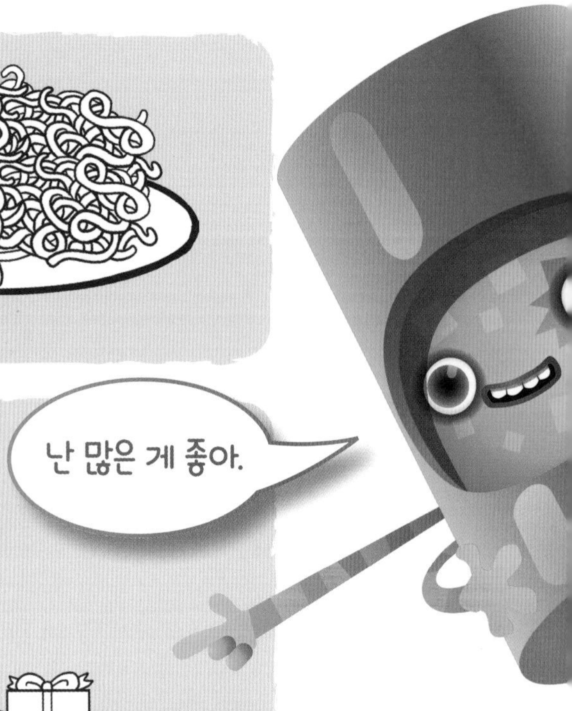

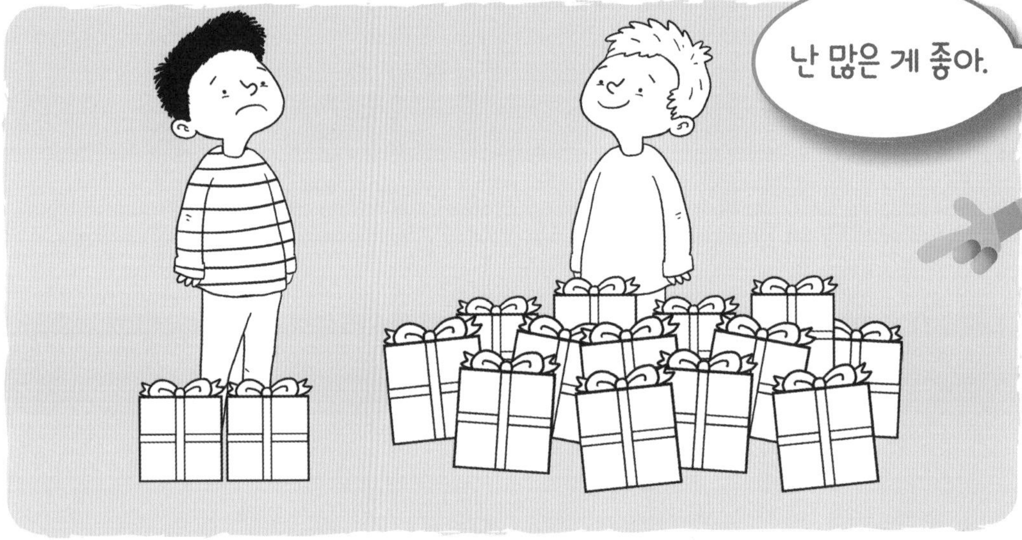

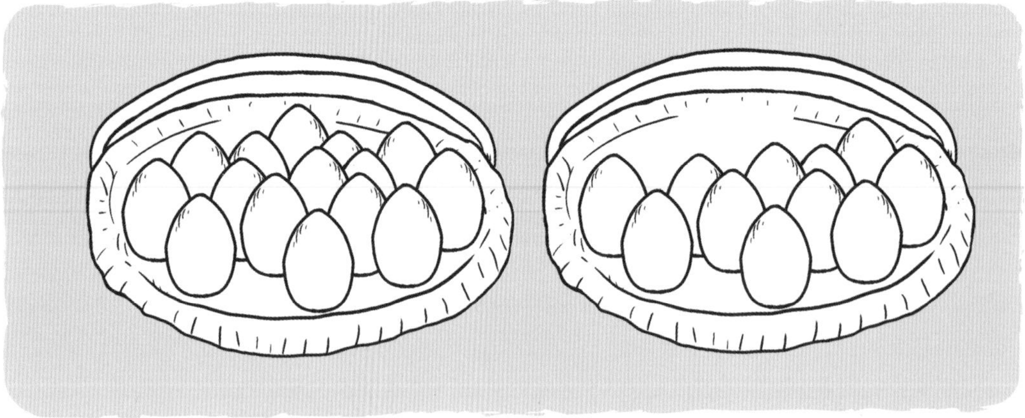

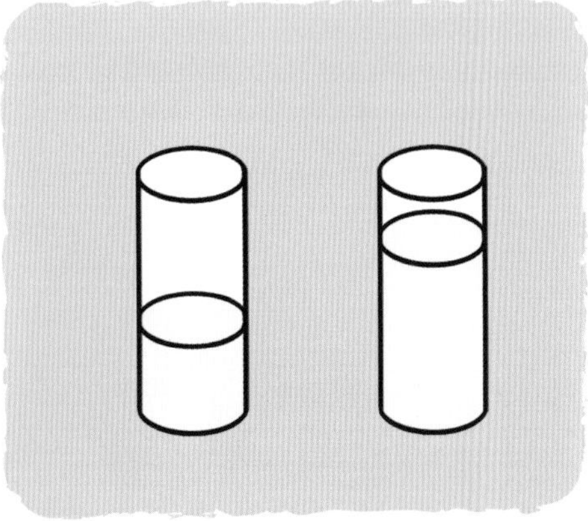

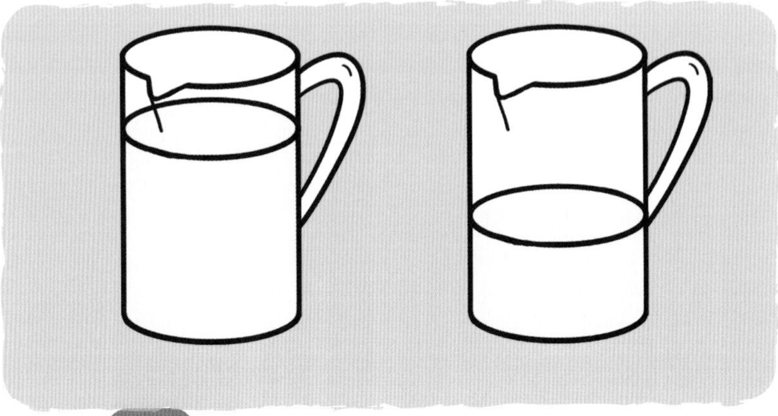

빈 컵에 주스가 더 많도록 그리세요.

 각 표현에 알맞은 그림을 찾아 선으로 이으세요.

가득 찬

거의 찬

반쯤 찬

거의 비어 있는

텅 비어 있는

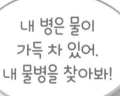 내 병은 물이 가득 차 있어. 내 물병을 찾아봐!

 잘했어!

 칭찬 스티커를 붙이세요.

13

문제를 다 푼 다음, 32쪽으로!

크기가 같은 것 찾기

 같은 크기의 단추끼리 모여 있도록 단추 스티커를 모두 찾아 붙이세요.

 크기가 같은 미타를 찾아 각각 선으로 이으세요.

와, 미타가 너무 많아.

크기가 같은 장난감을 찾아 ◯표 하세요.

 도형의 크기와 모양을 잘 보고, 빈칸에 똑같이 그리세요.

난 손이 4개.
내 손은 크기도 모양도
모두 같아.

칭찬 스티커를
붙이세요.

15

문제를 다 푼 다음, 32쪽으로!

키, 길이 비교

아이들의 키를 비교하여 ⬚ 안에 알맞은 이름을 쓰세요.

넌 네 키를 알고 있니?

| 메이 | 벤 | 라브 | 톰 | 벨 |

키가 가장 큰 아이는 누구인가요?

키가 가장 작은 아이는 누구인가요?

톰보다 키가 큰 아이는 누구인가요?

라브보다 키가 작은 아이는 누구인가요?

 키가 가장 큰 아이부터 차례대로 있도록 아이 스티커를 붙이세요.

키가 가장 크다.　　　　　　　　　　　　키가 가장 작다.

눈금자로 잰 길이를 ☐ 안에 쓰세요.

사물의 끝부분을 눈금자에 반듯하게 그어 봐.

5 cm

cm

센티미터(cm)는 길이를 재는 눈금자의 단위야.

cm

cm

칭찬 스티커를 붙이세요.

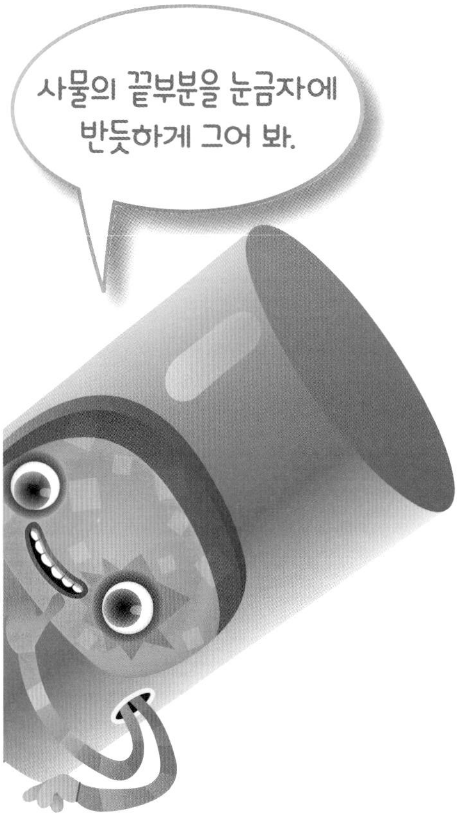

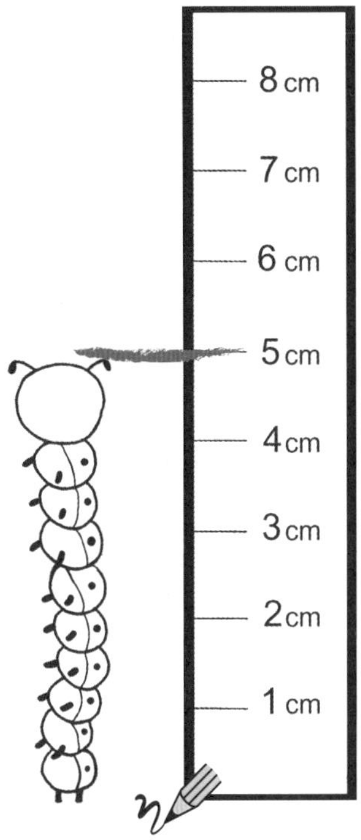

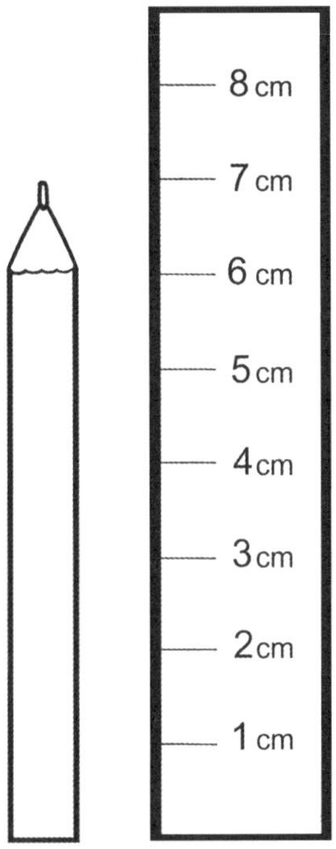

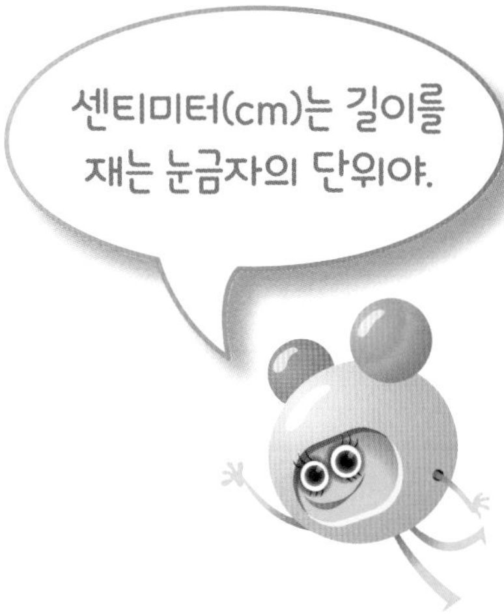

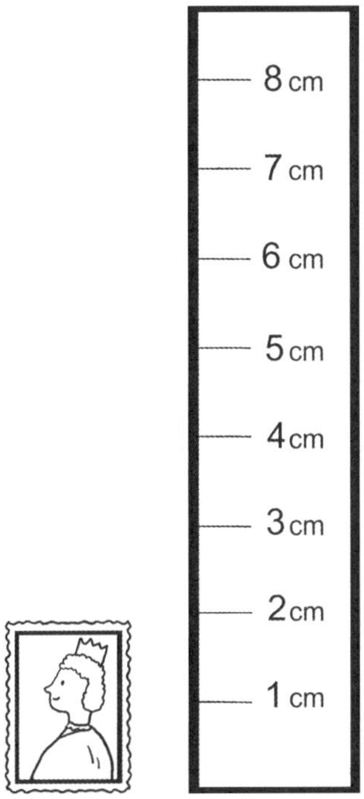

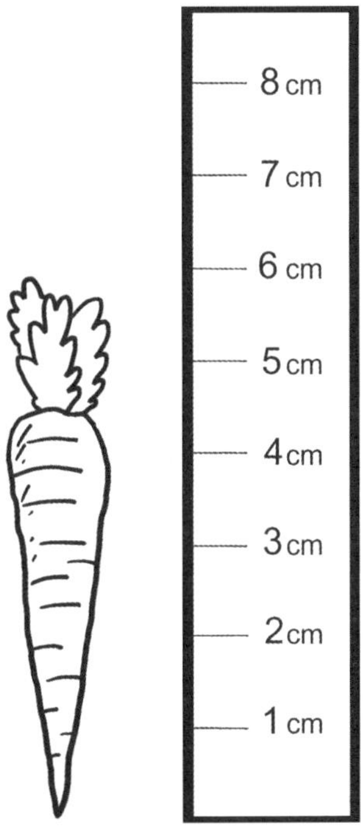

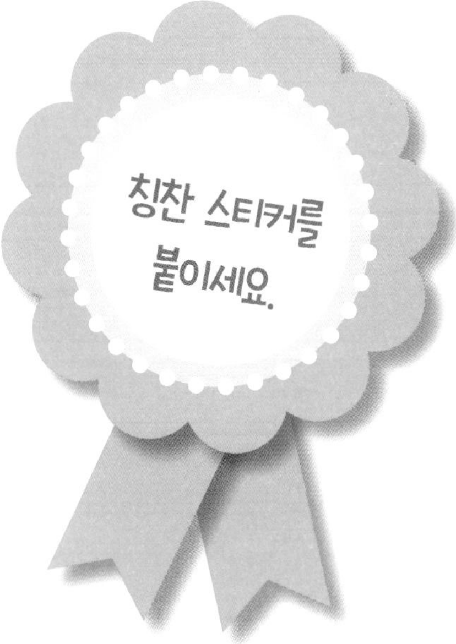

문제를 다 푼 다음, 32쪽으로!

거리 비교

개구리가 점프한 길을 점선을 따라 그리세요.

개구리가 몇 번 점프했는지 ☐ 안에 알맞은 수를 쓰세요.

개구리가
풀짝, 풀짝, 풀짝, 풀짝.
점프 4번!

4

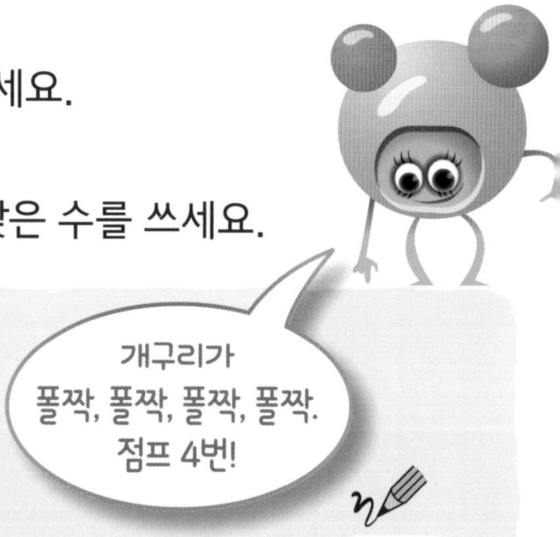

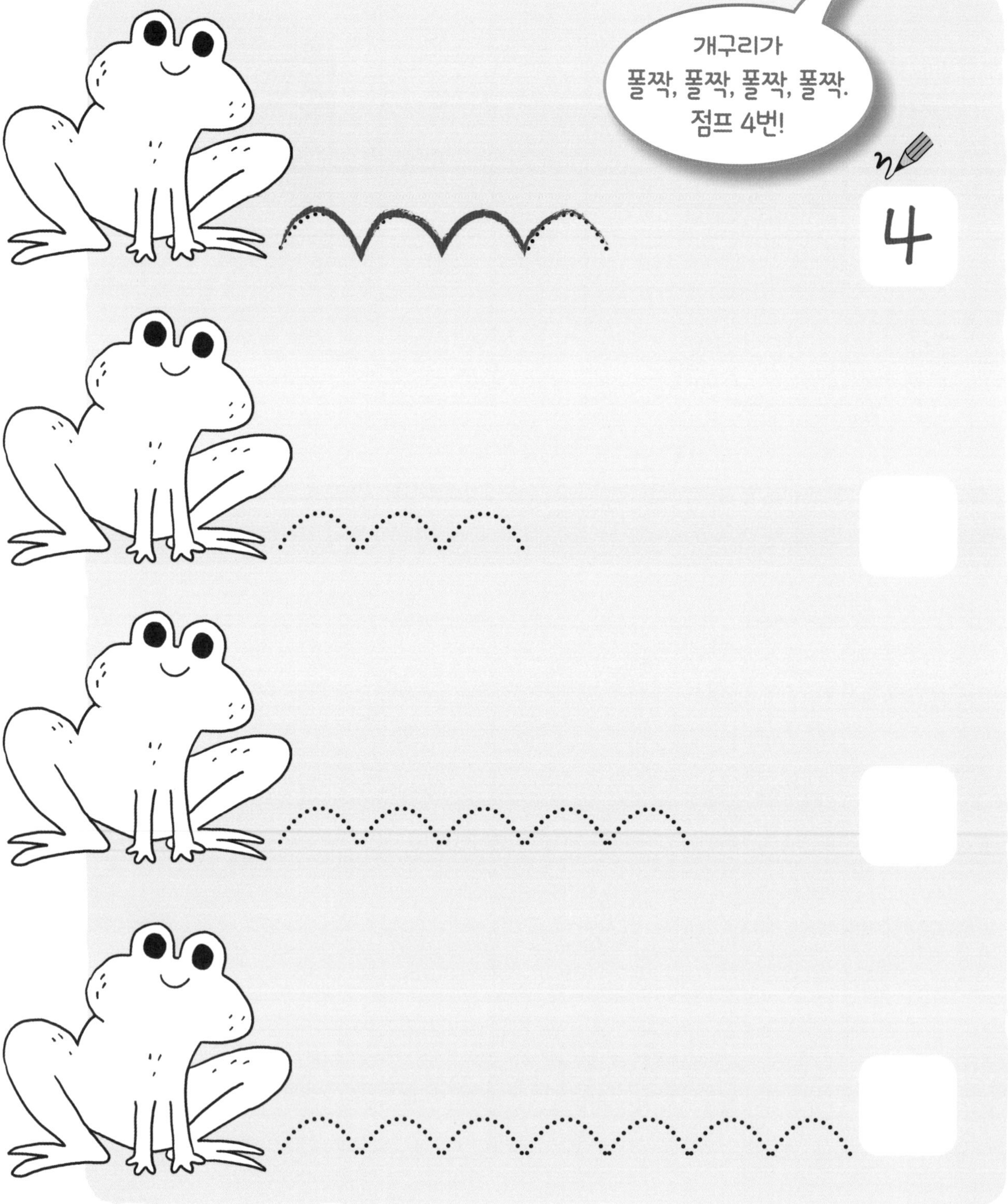

가장 멀리 뛴 개구리를 찾아 ◯표 하세요.

가장 먼 길 끝에 있는 성을 빨간색으로 칠하세요.
가장 가까운 길 끝에 있는 성을 파란색으로 칠하세요.

어느 성으로
소풍을 갈까?

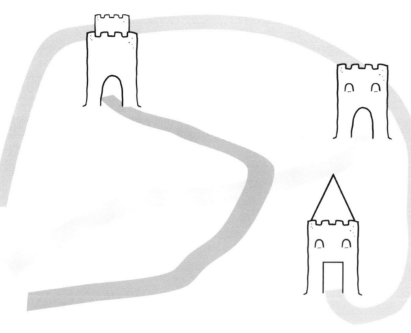

 공원에서 가장 먼 길 끝에 있는 아이와 가장 가까운 길 끝에 있는
아이의 이름을 각각 쓰세요.

먼 길 [   ]   가까운 길 [   ]

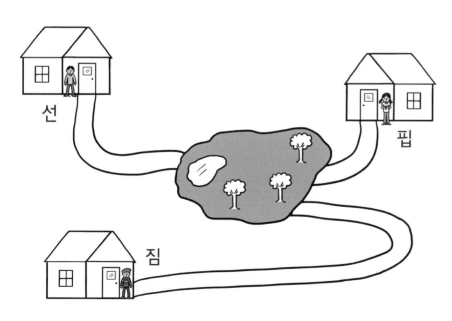

칭찬 스티커를
붙이세요.

19

문제를 다 푼 다음, 32쪽으로!

시계 보기

 시계를 보고, 몇 시인지 말해 보세요.

8시

9시

12시

3시

 아침에 일어나는 시각, 저녁에 자는 시각을 각각 말해 보세요.

 시계의 빈칸에 알맞은 숫자를 쓰세요.

시계에는 바늘이 2개. 긴바늘과 짧은바늘.

긴바늘이 12, 짧은바늘이 3을 가리키고 있네.

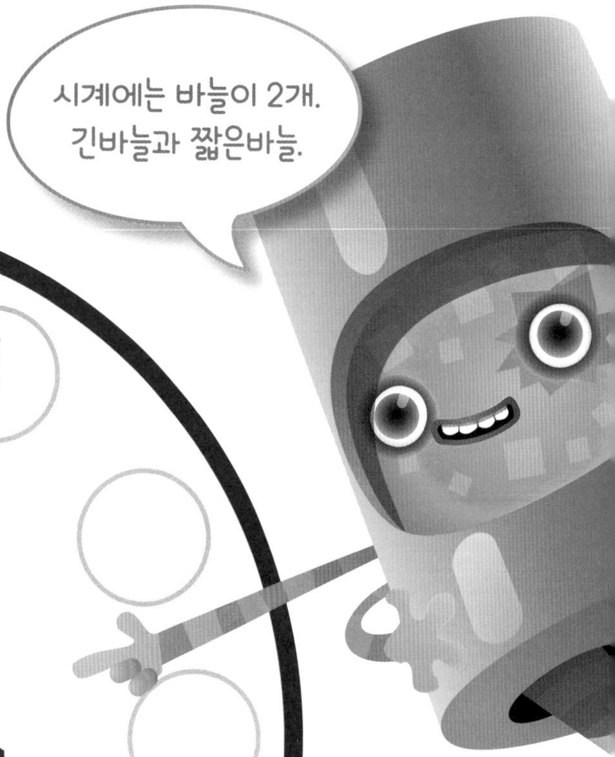

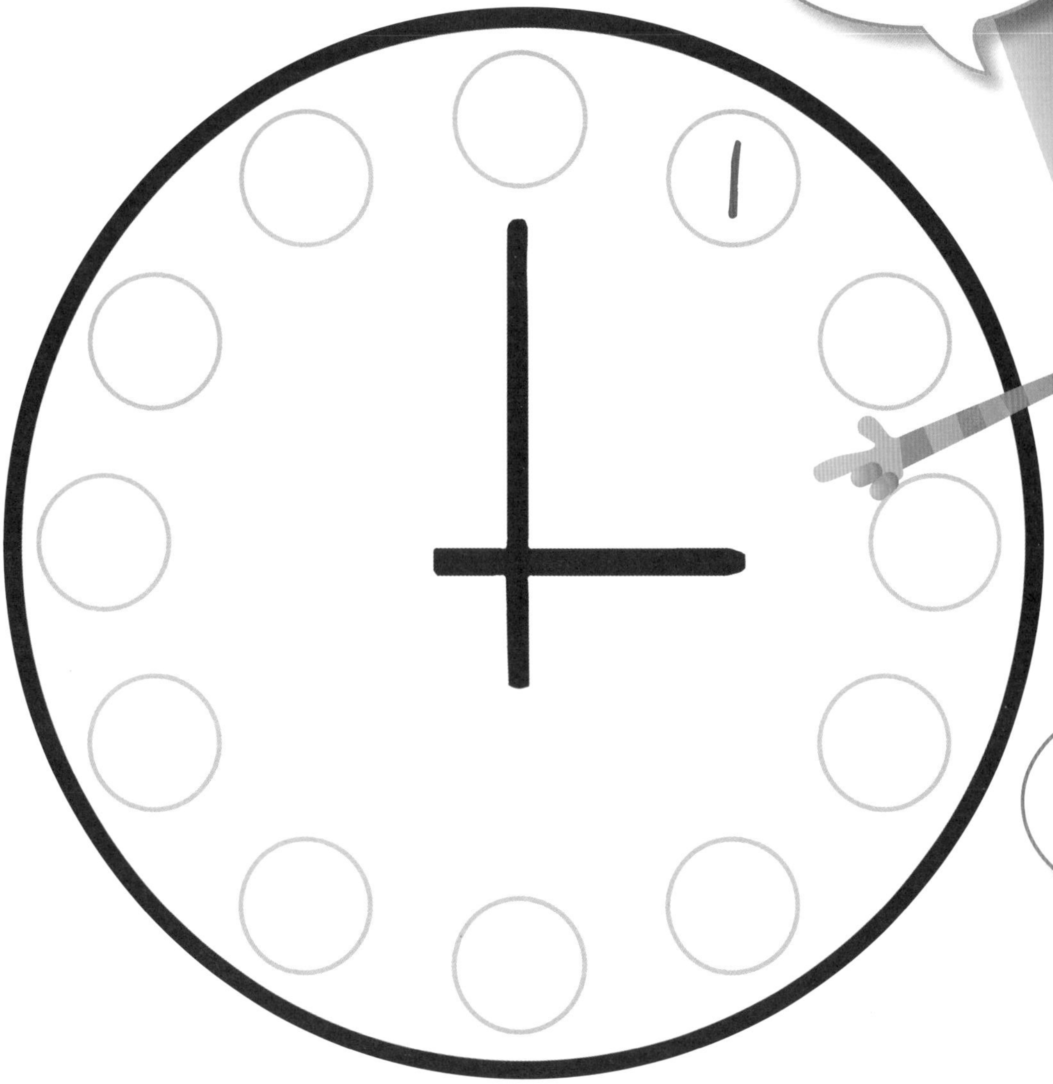

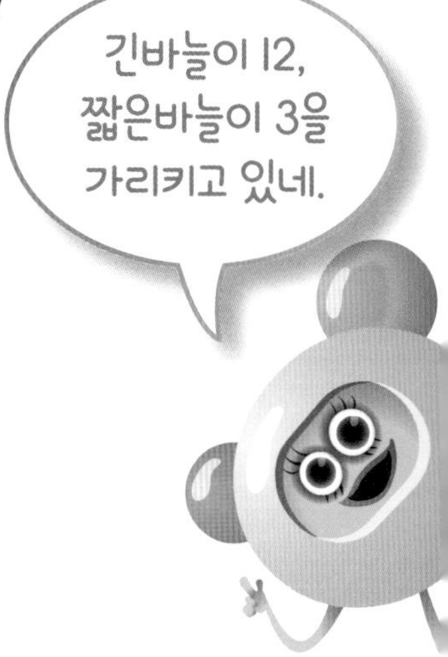

 시계는 몇 시인가요?   [   ] 시

 시계 보기 놀이

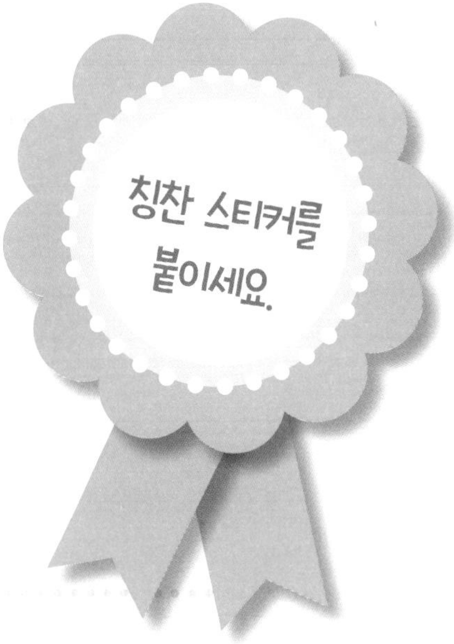

매일 일정한 시각에 하는 일에 대해서 부모님과 이야기를 나누어 보세요.
몇 시에 일어나나요?
몇 시에 유치원 버스를 타나요?
몇 시에 저녁을 먹나요?
몇 시에 잠을 자나요?
이 밖에도 시각에 맞춰 하는 일을 더 말해 보세요.

칭찬 스티커를 붙이세요.

문제를 다 푼 다음, 32쪽으로!

같은 시각을 가리키는 시계끼리 선으로 이으세요.

긴바늘과 짧은바늘이 가리키는 숫자를 잘 살펴봐.

긴바늘이 12를 가리킬 때 짧은바늘이 가리키는 숫자로 시각을 읽을 수 있어.

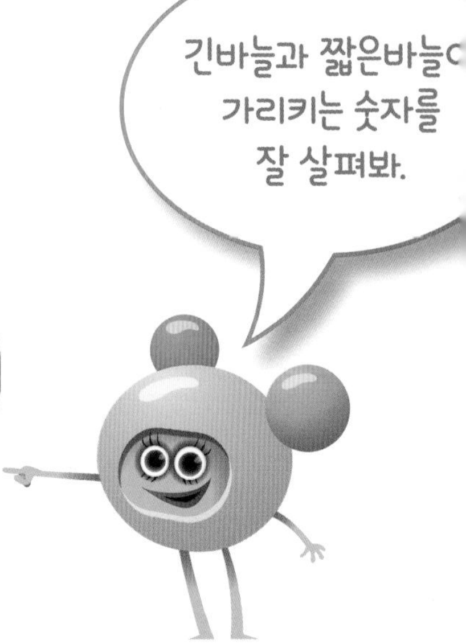

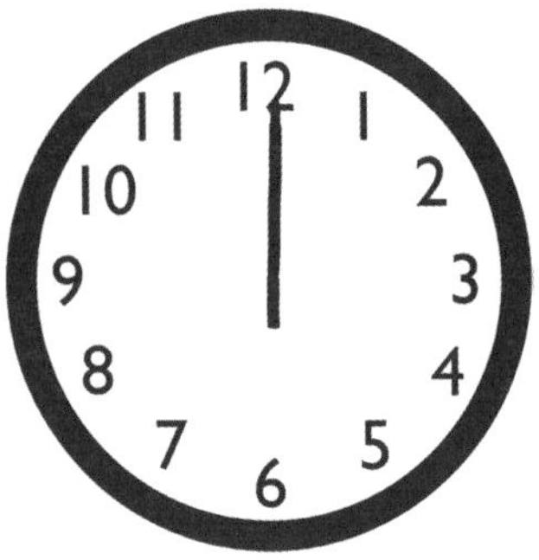

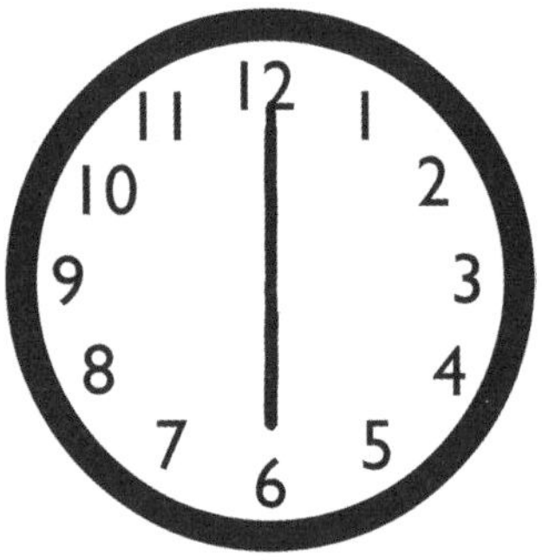

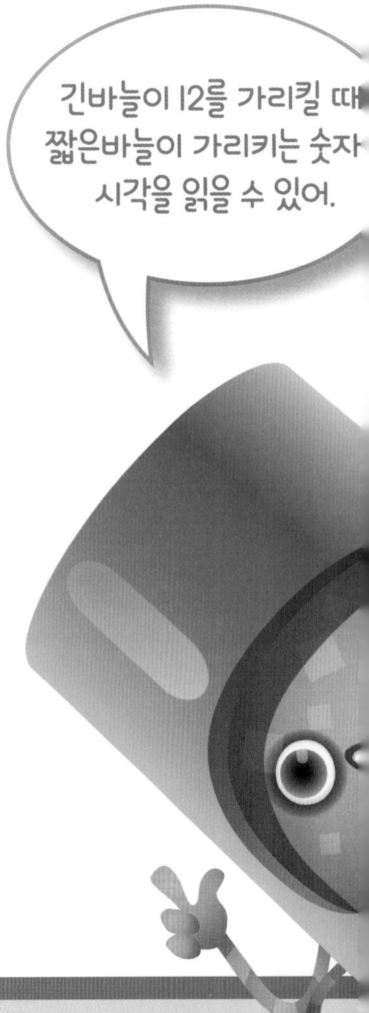

시각을 바르게 읽은 것을 찾아 ◯표 하세요.

와, 저녁 먹을 시각이야!

 9시

 6시

 8시

4시

 7시

10시

 9시

6시

 10시

2시

 7시

6시

칭찬 스티커를 붙이세요.

잘했어!

문제를 다 푼 다음, 32쪽으로!

화폐 알기

 동전을 보고, 얼마인지 말해 보세요.

| 500원 | 100원 | 50원 | 10원 |

 같은 값이 되도록 동전 스티커를 붙이세요.

같은 값을 찾아 선으로 이으세요.

동전이 정말 많아. 저금통에 넣을까?

50원

100원

500원

잘했어!

200원

칭찬 스티커를 붙이세요.

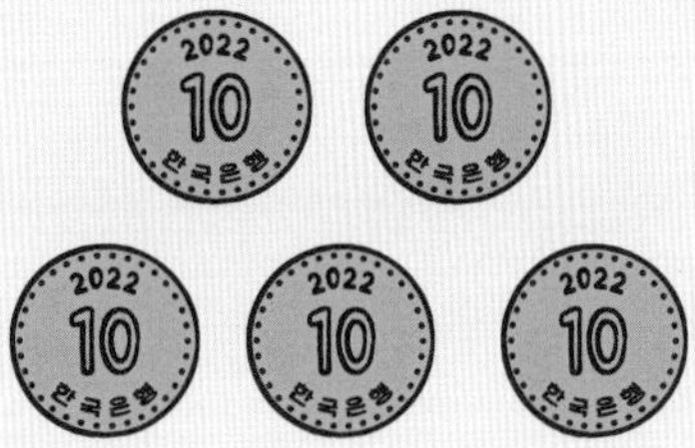

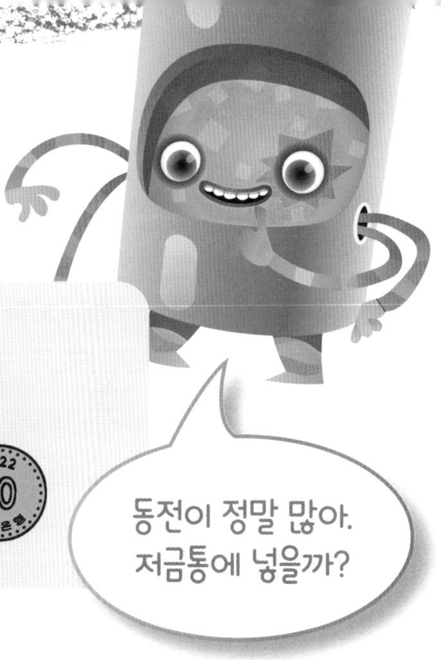

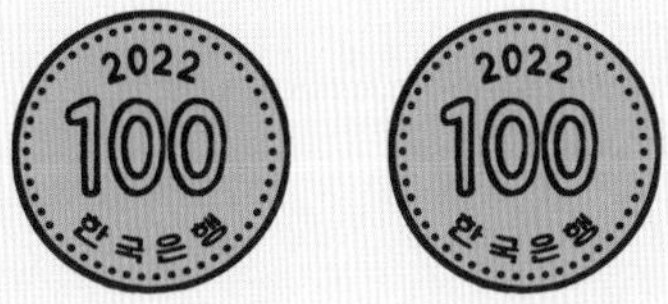

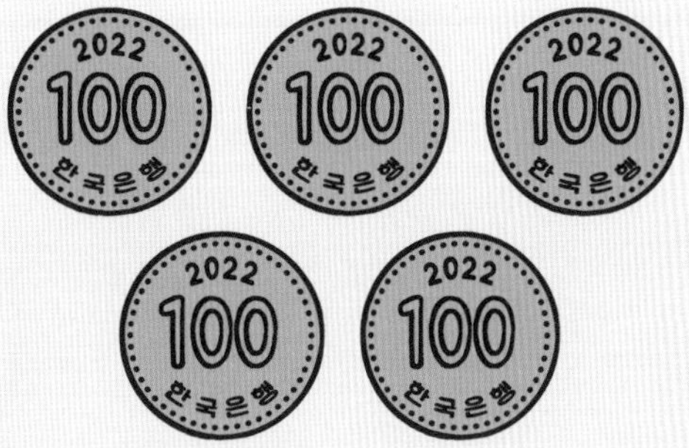

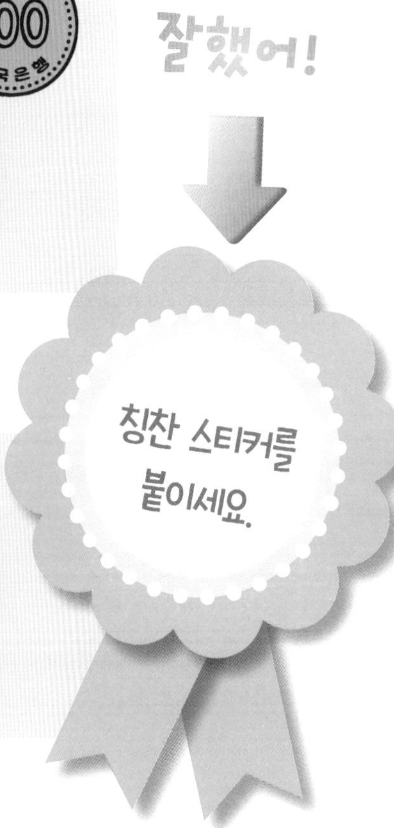

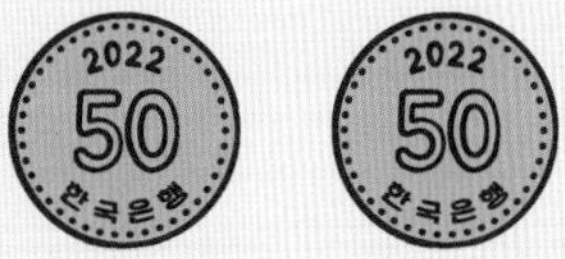

문제를 다 푼 다음, 32쪽으로!

물건값 계산하기

 물건의 값을 보고, 알맞은 동전
스티커를 붙이세요.

50원

500원

100원

 동전을 보고, 얼마인지 빈칸에 알맞은 값을 쓰세요.

20원

원

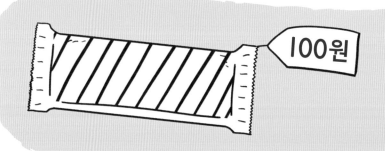

원

물건의 값을 보고, 알맞은 동전 스티커를 붙이세요.

300원

40원

500원

400원

50원

동전을 여기에 놓아 봐.

 가게놀이

색종이를 잘라서 10원짜리, 50원짜리, 100원짜리, 500원짜리 가짜 동전을
만들어요. 작은 장난감이나 사탕이나 젤리를 접시에 모아 놓고 가격표를 붙여요.
친구와 함께 가짜 동전을 나누어 갖고, 가게에서 물건을 사고파는 놀이를 해요.

문제를 다 푼 다음, 32쪽으로!

위치 알기

 상자를 기준으로 😊의 위치를 말해 보세요.

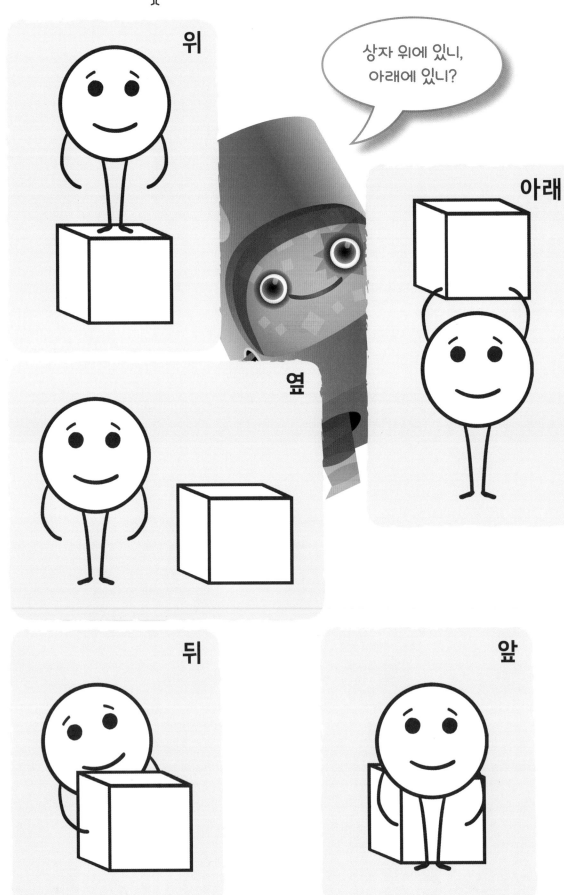

알맞은 위치에 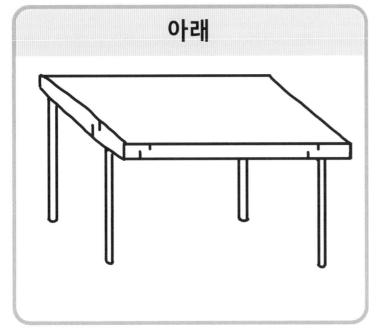를 그리세요.

아래

안

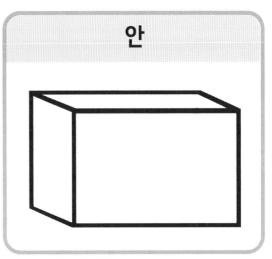

맨 위

옆

사이

칭찬 스티커를 붙이세요.

문제를 다 푼 다음, 32쪽으로!

배운 내용 기억하기

 세 변이 있는 도형을 그리세요.

잘 기억해 봐.

 4개의 꼭짓점이 있는 도형을 찾아 ○표 하세요.

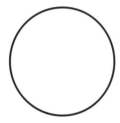 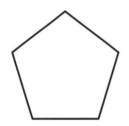 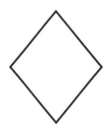 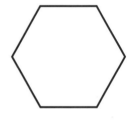

 주전자가 꽉 차도록 주스를 그리세요.

 접시를 적게 가지고 있는 아이에게 ○표 하세요.

다른 시각을 가리키는 시계에 ◯표 하세요.

 같은 값의 동전끼리 선으로 이으세요.

칭찬 스티커를 붙이세요.

문제를 다 푼 다음, 32쪽으로!

나의 실력 점검표

 얼굴에 색칠하세요.

쪽	나의 실력은?	스스로 점검해요!		
2~3	여러 가지 도형의 모양과 이름을 알아요.	😊	😐	☹
4~5	여러 가지 도형의 모양을 알고 그릴 수 있어요.	😊	😐	☹
6~7	도형의 변과 꼭짓점의 수를 셀 수 있어요.	😊	😐	☹
8~9	여러 가지 입체 도형의 모양과 이름을 알아요.	😊	😐	☹
10~11	둘 중에서 더 큰 것, 더 긴 것을 찾을 수 있어요.	😊	😐	☹
12~13	양을 비교하여 알맞은 낱말로 표현할 수 있어요.	😊	😐	☹
14~15	같은 크기의 사물을 찾을 수 있어요.	😊	😐	☹
16~17	키 차례대로 세울 수 있고, 눈금자로 사물의 길이를 잴 수 있어요.	😊	😐	☹
18~19	가장 멀리 있는 것과 가장 가까이 있는 것을 찾을 수 있어요.	😊	😐	☹
20~21	하루 일과를 시간의 순서대로 말할 수 있어요.	😊	😐	☹
22~23	시계를 보고 '몇 시'인지 말할 수 있어요.	😊	😐	☹
24~25	각각의 동전을 구분해서 그 값을 말할 수 있어요.	😊	😐	☹
26~27	동전으로 물건의 값을 계산할 수 있어요.	😊	😐	☹
28~29	위치를 알맞은 낱말로 표현할 수 있어요.	😊	😐	☹
30~31	앞에서 배운 것들을 기억하고 있어요.	😊	😐	☹

나와 함께 한 공부 어땠어?

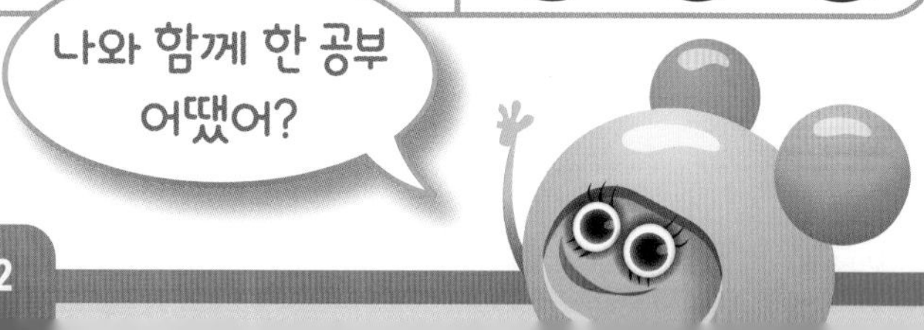

정답

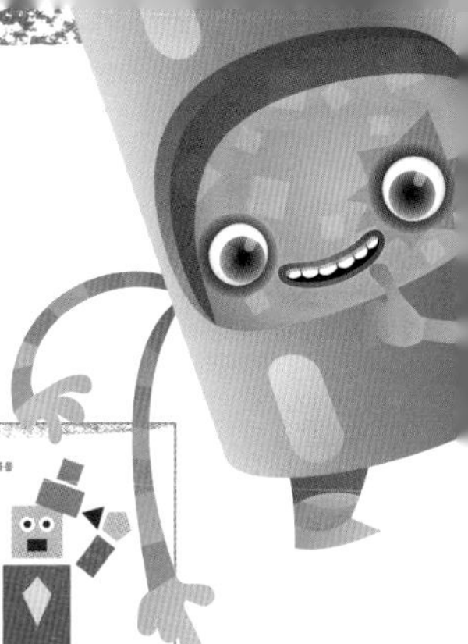

2~3쪽

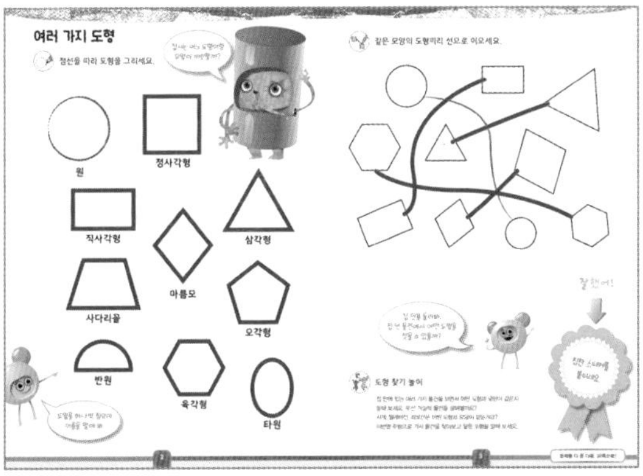

4~5쪽

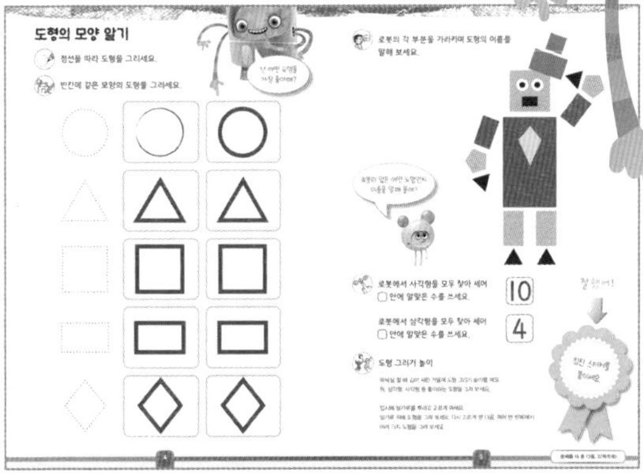

6~7쪽

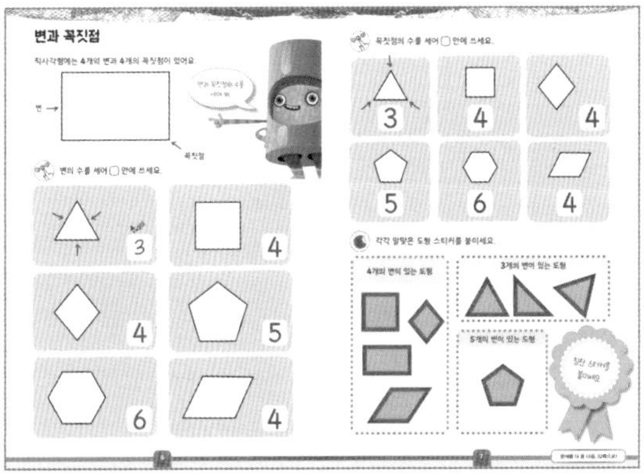

8~9쪽

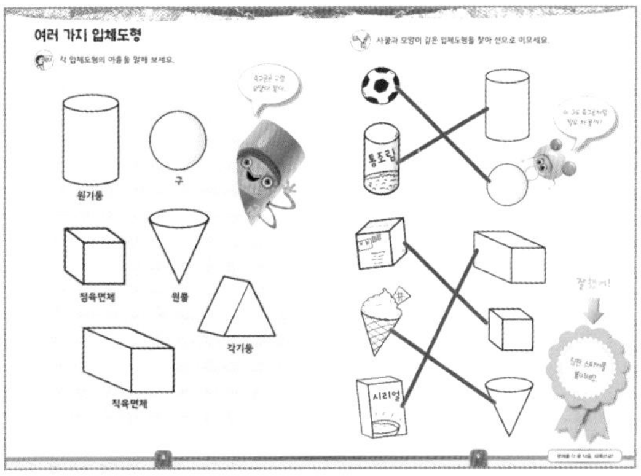

10~11쪽

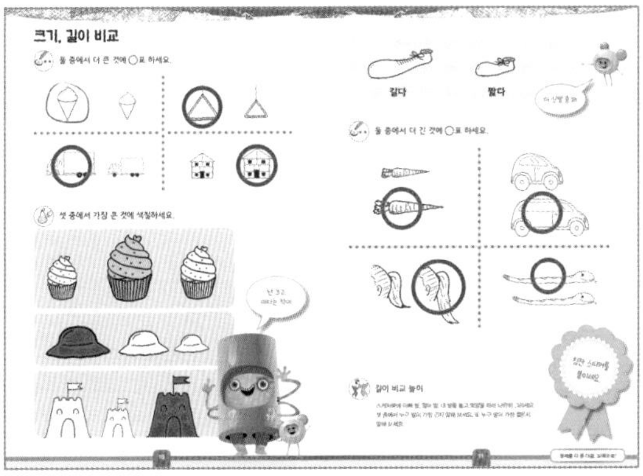

12~13쪽

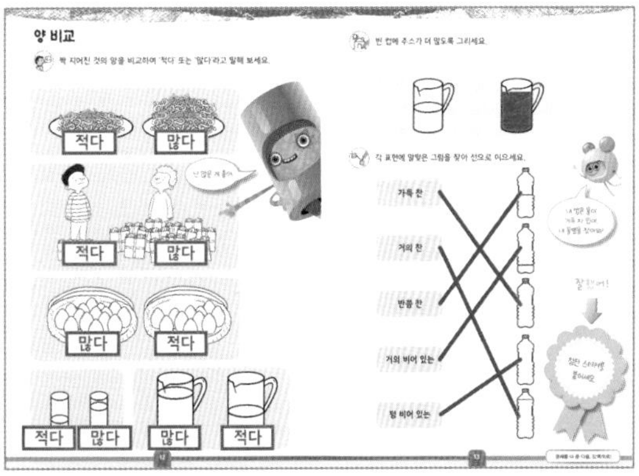

14~15쪽

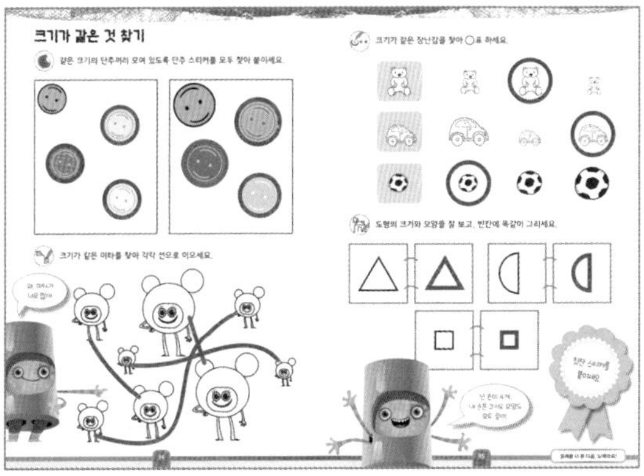

16~17쪽

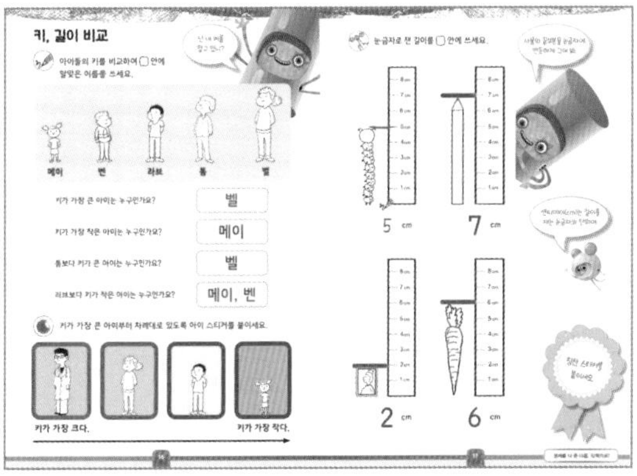

18~19쪽

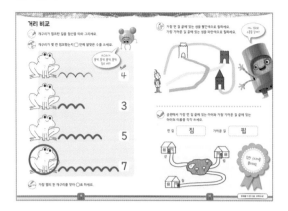

20~21쪽

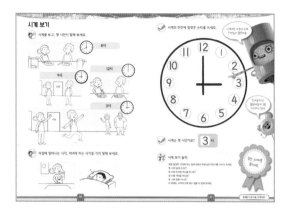

22~23쪽

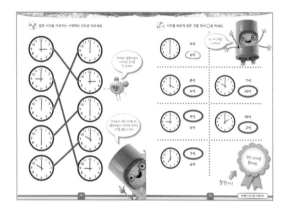

24~25쪽

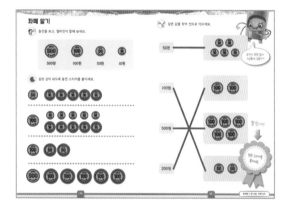

26~27쪽

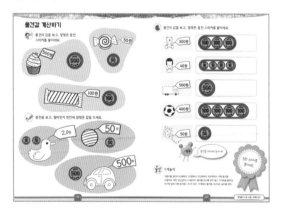

28~29쪽

30~31쪽

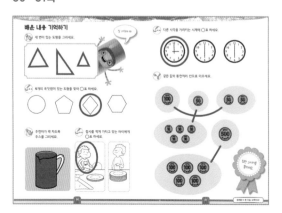

런런 옥스퍼드 수학

2-3 도형과 측정

초판 1쇄 발행 2022년 12월 6일
글·그림 옥스퍼드 대학교 출판부 **옮김** 상상오름
발행인 이재진 **편집장** 안경숙 **편집 관리** 윤정원 **편집 및 디자인** 상상오름
마케팅 정지운, 김미정, 신희용, 박현아, 박소현 **국제업무** 장민경, 오지나 **제작** 신홍섭
펴낸곳 (주)웅진씽크빅
주소 경기도 파주시 회동길 20 (우)10881
문의 031)956-7403(편집), 02)3670-1191, 031)956-7065, 7069(마케팅)
홈페이지 www.wjjunior.co.kr **블로그** wj_junior.blog.me **페이스북** facebook.com/wjbook
트위터 @wjbooks **인스타그램** @woongjin_junior
출판신고 1980년 3월 29일 제406-2007-00046호
원제 PROGRESS WITH OXFORD: MATH
한국어판 출판권 ⓒ(주)웅진씽크빅, 2022 **제조국** 대한민국

ISBN 978-89-01-26519-3
ISBN 978-89-01-26510-0 (세트)

잘못 만들어진 책은 바꾸어 드립니다.
주의 1. 책 모서리가 날카로워 다칠 수 있으니 사람을 향해 던지거나 떨어뜨리지 마십시오.
　　　 2. 보관 시 직사광선이나 습기 찬 곳은 피해 주십시오.